RECHERCHES

SUR LES CALCULS

DIFFÉRENTIEL ET INTÉGRAL,

PAR LE CITOYEN ENSHEIM.

A PARIS,

De l'Imprimerie d'AGASSE, rue des Poitevins, n°. 13.

AN VII.

RECHERCHES
SUR LES CALCULS
DIFFÉRENTIEL ET INTÉGRAL.

Si le calcul de l'infini a ouvert une carrière immense aux géomètres, on ne peut pas se dissimuler que les principes n'en ont point cette évidence sans laquelle les mathématiques ne seroient qu'un empirisme intellectuel. La théorie des fluxions a l'inconvénient qu'elle suppose là de l'espace, du mouvement et du temps; notions plus abstraites peut-être que toute la science des quantités. Le système de Leibnitz est une espèce d'hiérarchie d'infinis, dont les inférieurs s'éclipsent en présence de ceux d'un rang plus élevé; ce qui ne peut que rebuter les commençans, quand au lieu de démonstrations rigoureuses, ils ne trouvent, pour ainsi dire, qu'une approximation. D'ailleurs, si l'analyse a l'avantage de faciliter les recherches, il faut que ses découvertes soient susceptibles d'être démontrées synthétiquement. La méthode suivante réduit tout aux principes simples de l'algèbre élémentaire, sans avoir jamais recours aux notions confuses de l'infini: elle embrasse le calcul des différences en général, et ce ne sont que des conditions particulières qui en constituent la branche des différences infinitissimales.

PRINCIPE GÉNÉRAL.

On sait que (m étant un nombre entier positif), $\frac{v^m - 1}{v - 1} = v^{m-1} + v^{m-2} + v^{m-3} + + + v + 1$, et l'on voit aisément que le second membre de cette équation contient m termes; par conséquent, si $v = 1$, on a $\frac{v^m - 1}{v - 1} = m$.

Cela posé, soient (*fig.* 1.) PM, pm, deux ordonnées parallèles d'une courbe quelconque, PM $= y$, $pm = y\dot{y}$; la différence de ces deux ordonnées mn ou $d(y)$ sera $= y(\dot{y} - 1)$ (*).

La différence de $\overset{m}{y} = d(y^m) = y^m \dot{\overset{m}{y}} - \overset{m}{y} = y^m(\dot{\overset{m}{y}} - 1)$ $= \overset{m-1}{y}(\dot{\overset{m-1}{y}} + \dot{\overset{m-2}{y}} + + + \dot{y} + 1)\, y(\dot{y} - 1)$. Si donc l'énoncé de la question exige d'ailleurs que $\dot{y}$ soit égale à l'unité, on aura $d(y^m) = m\overset{m-1}{y}(\dot{y} - 1)\, y = m\overset{m-1}{y}\, d(y)$.

Si $m = \frac{1}{n}$, on a $d(y^m) = y^{\frac{1}{n}}(\dot{y}^{\frac{1}{n}} - 1) = \frac{y(\dot{y} - 1)}{y^{\frac{n-1}{n}}(\dot{y}^{\frac{n-1}{n}} + \dot{y}^{\frac{n-2}{n}} + + \dot{y}^{0})}$, donc si $\dot{y} = 1$, on a $d(y^{\frac{1}{n}}) = \frac{y(\dot{y} - 1)}{ny^{\frac{n-1}{n}}} = \frac{dy}{ny^{\frac{n-1}{n}}}$.

La différence de $xy = xy(\dot{x}\dot{y} - 1)$: mais $xy(\dot{y} - 1) : xy(\dot{x}\dot{y} - 1)$ $= \dot{y} - 1 : \dot{x}\dot{y} - 1 = xdy : d(xy) = xdy\, \frac{(\dot{x}\dot{y} - 1)}{\dot{y} - 1}$ $= xdy(\dot{x} + \frac{\dot{x} - 1}{\dot{y} - 1}) = \dot{x}xdy + ydx$.

En procédant de la même manière, on trouve $d(xyz)$ $= \dot{x}x\dot{y}ydz + \dot{x}xzdy + zydx = xyz(\dot{x}\dot{y}\dot{z} - 1)$.

La différence de $\frac{x}{y} = \frac{x\dot{x}}{y\dot{y}} - \frac{x}{y} = \frac{x(\dot{x} - \dot{y})}{y\dot{y}}$. Mais l'analogie $\frac{x(\dot{x} - 1)}{y} : \frac{x(\dot{x} - \dot{y})}{y\dot{y}} = \dot{x} - 1 : \frac{\dot{x} - \dot{y}}{\dot{y}} = \frac{dx}{y} : d(\frac{x}{y})$ nous donne $d(\frac{x}{y}) = \frac{dx}{y\dot{y}}\frac{(\dot{x} - \dot{y})}{(\dot{x} - 1)} = \frac{dx}{y\dot{y}}(1 - \frac{(\dot{y} - 1)}{(\dot{x} - 1)}) = \frac{dx}{y\dot{y}} - \frac{xdy}{y^2\dot{y}} = \frac{ydx - xdy}{y^2\dot{y}}$.

Soit x le logarithme de y, ou $x = \mathrm{L}y$, on aura $dx = d(\mathrm{L}y)$ $= \mathrm{L}y\dot{y} - \mathrm{L}y = \mathrm{L}\dot{y}$. De même $d.\mathrm{L}(y^n) = \mathrm{L}(\dot{y}^n) = n\mathrm{L}\dot{y}$ $= nd(\mathrm{L}y)$. Si l'on suppose un rapport constant entre $\dot{y}$ et son logarithme, tel que $\mathrm{L}.\dot{y} = a(\dot{y} - 1)$, on a $d(\mathrm{L}.y^n)$ $= n.\mathrm{L}\dot{y} = na(\dot{y} - 1) = nay\,\frac{(\dot{y} - 1)}{y} = \frac{nady}{y}$. Mais $d(y^n)$ $y^{n-1}(\dot{\overset{n-1}{y}} + \dot{\overset{n-2}{y}} + + + 1)dy$, par conséquent, $\dot{y}$ étant réduit à

(*) $d(y)$ ou dy signifie la différence de y, et les lettres marquées par un chiffre couché par-dessus, ou par des points, indiquent un facteur de la variable, qu'on détermine par les conditions données de chaque question.

l'unité ; $d(y^n) = \overset{n-1}{y}.ndy = y^n.\frac{nady}{ay} = \frac{y^n}{a}\,dL.y^n = y^n dL.y^n$, en prenant l'unité pour a.

Delà on voit qu'en général, le facteur différentiel d'une fonction des variables quelconques étant réduite à l'unité, on a la différence de cette fonction, en la multipliant elle-même par la différence de son logarithme. Ainsi $d(xyz) = xyzdL(xyz)$ $= xyzd(Lx + L.y + Lz) = xyz\left(\frac{dx}{x} + \frac{dy}{y} + \frac{dz}{z}\right)$ $= yzdx + xydz$. En effet, faisant $xyz = u^3$, on a $d(xyz)$ $= u^3.dLu^3 = xyz.dL(xyz)$.

De plus $d(a^x) = a^x dLa^x$. Mais $La^x = xLa$, donc $d(a^x)$ $= a^x La$.

De même $d(x^y) = x^y dLx^y = x^y d(yL.x) = x^y(dyLx + y\frac{dx}{x})$.

Pour trouver les différences secondes, il ne faut que considérer trois ordonnées consécutives, y, $y\dot{y}$, $y\dot{y}\ddot{y}$; retranchant la première de la seconde, on a $y(\dot{y} - 1)$, et retranchant la seconde de la troisième. On a $y\dot{y}(\ddot{y} - 1)$, donc la seconde différence de y ou $d^2y = y(yy - y) - y(y - 1) = y(yy - 2y + 1)$.

En général, la différence $\underline{n}$ de y ou $d^n(y)$ . . . .
$y\left\{(\overset{n}{y}\cdot\overset{n-1}{y}\cdots\ddot{y}\cdot\dot{y}) - \frac{n}{1}(\overset{n-1}{y}\cdot\overset{n-2}{y}\cdot\cdot\ddot{y}\cdot\dot{y}) + \frac{n(n-1)}{1.\ 2}(\overset{n-2}{y}\cdot\cdot\dddot{y}y) - +\cdot\cdot \pm n\dot{y} \mp 1\right\}$.

La différence $\underline{n}$ de (y^m) ou $d^n(y^m)$ . . . .
$y^m\left\{(\bar{y}\bar{\bar{y}}\cdots\overset{n}{y})^m - \frac{1}{u}(\bar{y}\bar{\bar{y}}\cdots\overset{n-1}{y})^m + \frac{n.}{1}\frac{(n-1)}{2}(\bar{y}\bar{\bar{y}}\cdots\overset{n-2}{y})^m - + \cdots \pm n(\bar{y})^m \mp 1\right\}$.

Pour rendre cette expression plus commode, on peut faire $y^m = x$, et l'on aura $d^n(y^m) = d^n x = x\left\{(\bar{x}\bar{\bar{x}}\cdots\overset{n}{x}) - \frac{n}{1}(\bar{x}\bar{\bar{x}}\cdots\overset{n-1}{x})\cdot\cdot \pm n\bar{x} \mp 1\right\}$, où l'on s'aperçoit aisément que les coëfficiens de ces formules sont les mêmes que ceux du binome de Newton, et que le nombre des facteurs des termes va en diminuant, suivant la loi des exposans du même binome ; de sorte que si dans la dernière expression on fait x égal à l'unité, et tous les autres facteurs $\bar{x}$, $\bar{\bar{x}}$, &c. égaux entre eux, on aura $d^n x = (\dot{x} - 1)^n$.

Il s'agit maintenant de montrer l'usage et la justesse de ces principes ; et comme le calcul différentiel, proprement dit, se réduit, en dernière analyse, à la théorie des tangentes, appliquons d'abord notre méthode aux lignes courbes, et faisons voir comment l'on peut trouver la tangente à un point donné d'une courbe quelconque.

THÉORIE DES TANGENTES.

Par les points m, M (*fig.* 1.), sommets de deux ordonnées parallèles PM, pm, d'une courbe quelconque, soit tirée une ligne droite qui rencontre l'axe des abscisses au point T, il s'agit de déterminer la ligne PT interceptée entre l'ordonnée PM et le point T. Soit PM $= y$. $pm = y\dot{y}$. Tirons Mn parallèle à l'axe des abscisses AP, et l'on aura $mn = y(\dot{y} - 1)$, Mn = Pp $= x(\dot{x} - 1)$. Dans les deux triangles semblables mnM, MPT, on a cette analogie : $y(\dot{y} - 1) : x(\dot{x} - 1) = y :$ PT, donc PT $= \frac{x(\dot{x} - 1)}{\dot{y} - 1}$. Or par l'équation fondamentale de la courbe, on peut toujours éliminer l'expression différentielle $\frac{\dot{x} - 1}{\dot{y} - 1}$, de sorte qu'il ne restera dans l'expression de PT qu'une fonction uniquement composée de x, y, et $\dot{y}$. Maintenant si dans cette dernière expression on suppose $\dot{y} = 1$, et que du point T ainsi trouvé on tire la ligne TM, elle sera nécessairement tangente à ce point; car si elle coupoit la courbe encore dans un autre point, $\dot{y}$ ne sauroit être égale à l'unité. Pour trouver donc la direction de la tangente, on supposera $y = 1$, dans l'expression de PT, et l'on aura la grandeur de la soutangente, et si pour simplifier, on fait $\frac{\dot{x} - 1}{\dot{y} - 1} = p$, on a la soutangente, ou PT $= px$.

Delà il suit immédiatement que l'expression de la sounormale est $\frac{y^2}{px}$.

L'équation de la parabole $ax = y^2$ donne $ax(\dot{x} - 1) = y^2(\dot{y}^2 - 1)$, et $\frac{\dot{x} - 1}{\dot{y} - 1} = \frac{y^2(\dot{y} + 1)}{ax} = \dot{y} + 1$, donc PT $= (\dot{y} + 1)x$ pour la sousécante en général; mais en supposant $\dot{y} = 1$, on a $(\dot{y} + 1)x = 2x$ pour la soutangente, et pour la sounormale $\frac{y^2(\dot{y} - 1)}{x(\dot{x} - 1)} = \frac{y^2}{px} = \frac{ax}{2x} = \frac{a}{2}$.

L'équation

L'équation du cercle $y^2 = r^2 - x^2$ donne $y^2(\dot{y}^2 - 1) = - x^2(x^2 - 1)$; $\frac{\dot{x}-1}{\dot{y}-1} = - \frac{y^2(\dot{y}+1)}{x^2(\dot{x}+1)}$, et $\frac{x(\dot{x}-1)}{(\dot{y}-1)} = - \frac{y^2(\dot{y}+1)}{x(\dot{x}+1)}$ pour la sousécante, mais en supposant $\dot{y} = 1 = \dot{x}$, cette dernière expression devient $- \frac{y^2}{x}$ pour la soutangente.

La courbe logarithmique a pour équation $x = \mathrm{L}.y$, donc $x(\dot{x} - 1) = \mathrm{L}\dot{y}$, et $\mathrm{PT} = \frac{x(\dot{x}-1)}{(\dot{y}-1)} = \frac{\mathrm{L}.\dot{y}}{\dot{y}-1}$, quantité qui n'est pas affectée des variables x et y. Si donc le facteur $\dot{y}$ est constant, la ligne PT le sera aussi, quelque soit d'ailleurs le système logarithmique. Supposons donc que pour une ordonnée quelconque on ait la soutangente $= a$, la sousécante à ce même point sera nécessairement plus grande ou moindre que $\underline{a}$, et comme elle est constante, elle ne peut nulle part être $= a$; par conséquent, partout où l'on fera $\mathrm{PT} = a$, TM sera tangente, et comme la soutangente ne peut pas avoir deux valeurs en même temps, la quantité $\underline{a}$ en est donc la valeur constante. Cette quantité est arbitraire, et dans le système des logarithmes naturels, on la fait $= 1$; or en prenant $\dot{y} - 1$, d'une quantité très-petite (*), la sécante se confond avec la tangente et la sousécante aussi $= 1$, ce qui donne l'analogie $1 : y = x(\dot{x} - 1) : y(\dot{y} - 1) = d.\mathrm{L}y : y(\dot{y} - 1) = \mathrm{L}\dot{y} : y(\dot{y} - 1)$, et $\mathrm{L}\dot{y} = dx = \dot{y} - 1$.

Cette dernière équation nous indique un moyen très-simple d'exprimer réciproquement l'un par l'autre un nombre quelconque et son logarithme. En effet, soit $\dot{y} = m = (1 + b)$; b, quantité infiniment petite, sera le logarithme de m. Or par la nature de la courbe, on peut exprimer une ordonnée quelconque par la quantité $(1 + b)$ élevée à une certaine puissance. Faisant donc $y = (1 + b)$, on aura $x = \mathrm{L}y = p\mathrm{L}(1 + b) = pb$; mais b étant infiniment petit, il faut que p soit infiniment grand, pour que le produit pb puisse former une quantité finie $= x$.

(*) Ce qui est absolument nécessaire pour que la logarithmique soit une courbe.

Maintenant $(1+b)^p = 1 + pb + \frac{p(p-1)}{1.2} b^2 + \frac{p(p-1)(p-2)}{1.2.3} b^3 + + \&c.$; p étant infiniment grand, on peut négliger par rapport à lui tous les nombres finis, et considérer comme égal à lui tout facteur tel que $p-1$, $p-2$, &c.; donc $y = (1+b)^p = 1 + \frac{pb}{1} + \frac{p^2 b^2}{2} + \frac{p^3 b^3}{2.3} \ldots + \frac{p^q b^q}{2.3..q} + \&c. = 1 + x + \frac{x^2}{2} + \frac{x^3}{2.3} + + \frac{x^m}{2.3.m} + + \&c.$

On peut de même, en faisant l'inverse du procédé précédent, exprimer un logarithme par le nombre qui lui répond dans la progression géométrique. En effet, faisant $y = (1+b)^p = 1+n$, on a $b = (1+n)^{\frac{1}{p}} - 1$, et $x = pb = p(1+n)^{\frac{1}{p}} - p$. Or si on développe le binôme, on trouve $p(1+n)^{\frac{1}{p}} = p\left\{1 + \frac{1}{p}.n + \frac{\frac{1}{p}.(\frac{1}{p}-1)}{1.2} n^2 + \frac{\frac{1}{p}.(\frac{1}{p}-1).(\frac{1}{p}-2)}{1.2.3} n^3 \ldots + \frac{\frac{1}{p}(\frac{1}{p}-1)(\frac{1}{p}-2)\ldots(\frac{1}{p}-m+1)}{1.2.3\ldots m} n^m\right\} = p\left\{1 + \frac{n}{p} + \frac{1(1-p)}{2.p^2} n^2 + \frac{1(1-p)(1-2p)}{1.2.3p^3} n^3 + \frac{1(1-p)(1-mp+p)}{2.-m} n^m + \&c.\right\}$. Mais p étant infiniment grand, cette dernière expression se réduit à $p + n - \frac{n^2}{2} + \frac{n^3}{3} \ldots - \frac{n^{2m}}{2m} + \frac{n^{2m+1}}{2m+1}$, &c.; donc $x = p(1+n)^{\frac{1}{p}} - p = n - \frac{n^2}{2} + \frac{n^3}{3} \ldots - \frac{n^{2m}}{2m} + \frac{n^{2m+1}}{2m+1}$, &c. $= (y-1) - \frac{(y-1)^2}{2} \ldots + \frac{(y-)^{2m-1}}{2m-1} - \frac{(y-1)^{2m}}{2m} + \&c. = (y-1)\left\{\frac{(3-y)}{1.2} + \frac{(y-1)^2}{3.4}(7-3y) + \frac{(y-1)^4}{5.6}(11-5y) + .. + (y-1)^{2m-2}((4m-1-(2m-1)y) + \&c.\right\}$.

Tout membre réel a, outre le logarithme qu'on vient de trouver, une infinité d'imaginaires. En effet, l'équation $(1+b)^p - y = 0$ a p racines, dont tout au plus deux réelles; ainsi il y au moins $p-2$ d'imaginaires. Or $Ly = pb$; donc p étant réel et infini, si $(1+b)$ est imaginaire, le logarithme l'est aussi; il y a donc au moins $p-2$ logarithmes imaginaires.

La quantité imaginaire $(a+b\sqrt{-1})^{c+d\sqrt{-1}}$ est réductible à la forme $A+B\sqrt{-1}$. Soit $(a+b\sqrt{-1}) = m$, $c+d\sqrt{-1} = n$. Faisons pour simplifier $(m-1) = p$; or $L(a+b\sqrt{-1})^{c+d\sqrt{-1}} = (c+d\sqrt{-1})\,L(a+b\sqrt{-1}) = n\,Lm = np(1 - \frac{p}{2} + \frac{p^2}{3} \ldots - \frac{p^{2q-1}}{2q} + \frac{p^{2q}}{2q+1}$, &c.). De plus $m^n = 1 + \frac{nLm}{1} + \frac{(nLm)^2}{1.2} \ldots + \frac{(nLm)^\gamma}{\gamma} \ldots \&c. = 1 + np(1 - \frac{p}{2} .. + \frac{p^{2q}}{2q+1}) + \frac{n^2p^2}{2}(1 - \frac{p}{2} .. + \frac{p^{2q}}{2q+1})^2 \ldots + n^u p^u (1 - \frac{p}{2} \ldots + \frac{p^{2q}}{2q+1} + \&c.)^u. + \&c.$, formule où les exposans sont tous réels. On sait d'ailleurs qu'en multipliant l'un par l'autre deux facteurs $A' + B'\sqrt{-1}$, leur produit a la même forme ; donc puisque np peut être réduit à cette forme, chaque terme de notre série peut être réduit, ainsi que la somme de tous les termes.

On s'est arrêté un instant aux logarithmes, pour faire voir que l'analyse élémentaire suffit pour en démontrer toutes les propriétés.

Remarquons encore qu'en prenant $dx = d\mathrm{L}y$ pour constante, on peut réduire la différence d'un ordre quelconque. En effet, $d(\mathrm{L}y) = \dot{y} - 1$ étant constante, les ordonnées $y, y\dot{y}, y\dot{y}\ddot{y}$ seront dans une progression géométrique et $\ddot{y} = \dot{y}$; donc $d^2(y) = y(y\ddot{y} - 2\dot{y} + 1) = y(\dot{y}^2 - 2\dot{y} + 1) = y(\dot{y} - 1)^2$. De même $d^n(y) = y(\dot{y} - 1)^n$, et $d^n(y^m) = y^m(\dot{y}^m - 1)^n$, ou en faisant $\mathrm{L}y = x$, on aura $d(y) = ydx$, $d^2(y) = y(dx)^2$, $d^n(y) = y(dx)^n$ et $d^n(y^m) = m^n y^m (dx)^n$.

Trouver l'expression générale des rayons osculateurs ? Soit (*fig.* 2) l'ordonnée $PM = y$; la normale $Mm = n$, cette normale prolongée jusqu'au point indéterminé K, ou $MK = r$. Faisons KQ parallèle à l'axe des abscisses, et soit l'ordonnée prolongée jusqu'à la rencontre de cette parallèle, ou $MQ = u$. Dans les triangles semblables MPm, MQK, on a l'analogie $y : n = u : r$; donc $\frac{u}{r} = \frac{y}{n}$. Or r devant être de la même grandeur en deux positions différentes, et $d(u) = d(y)$, on a $d(\frac{u}{r}) = \frac{d.y}{r} = (y : n)$; donc $r = \frac{dy}{d(y:n)}$ et $u = \frac{ydy}{nd(y:n)}$. Si dans le résultat de ces opérations on fait égaux à l'unité les facteurs différentiels des variables, on aura le rayon osculateur ; mais si dans l'expression trouvée on fait seulement $\dot{y} = 1$, en laissant subsister $\dot{x}$, la circonférence d'un cercle dont le centre est en K et le rayon en r, rencontrera la courbe en deux points où deux ordonnées égales répondent à des abscisses différentes.

En procédant suivant notre méthode, on trouve $r = \frac{d(y)n^2\dot{n}}{nd(y) - yd(n)} = \frac{n^3(\dot{n}+1)\dot{n}d(y)}{n^2(\dot{n}+1)d(y) - yd(n^2)}$. Or par l'équation de chaque courbe, on peut toujours n^2 et $d(n^2)$ en des fonctions de

y et $\dot{y}$; par ce moyen, on élaguera $d(y)$, afin d'avoir r en quantités finies.

L'équation de la parabole ordinaire étant $2ax = y^2$, la sounormale est $= a$ et $n^2 = y^2 + a^2$, $d(n^2) = y(\dot{y} + 1)\,dy$; donc $r = \frac{n^3(\dot{n}+1)\dot{n}dy}{n^2(\dot{n}+1)dy - y^2(\dot{y}+1)dy} = \frac{n^3(\dot{n}+1)\dot{n}}{n^2(\dot{n}+1) - y^2(\dot{y}+1)}$; et en supposant $\dot{y} = \dot{n} = 1$, on a $r = \frac{n^3}{n^2 - y^2} = \frac{n^3}{a^2}$ et $n = \frac{n^2 y}{a^2} = \frac{(y^2+a^2)y}{a^2} = \frac{y}{a}(2x+a)$.

L'équation de l'ellipse est $y^2 = pa - \frac{px^2}{a}$; donc la sounormale $\frac{y^2(\dot{y}-1)}{x(\dot{x}-1)} = -\frac{px}{a}$, $n^2 = p^2 + \frac{(a-p)y^2}{a}$ et $d(n^2) = \frac{(a-p)}{a} y(\dot{y}+1)\,dy$, par conséquent $\frac{n^3(\dot{n}+1)\dot{n}dy}{n^2(\dot{n}+1)dy - yd(n^2)} = \frac{n^3(\dot{n}+1)\dot{n}a}{an^2(\dot{n}+1) - y^2(\dot{y}+1)(a-p)}$; et supposant $\dot{y} = \dot{n} = 1$, on a le rayon osculateur, ou $r = \frac{n^3}{n^2 - y^2\frac{(a-p)}{a}} = \frac{n^3}{p^2}$ et $u = \frac{n^2 y}{p^2}$.

Dans la logarithmique, la sounormale $= y^2$, $n^2 = y^4 + y^2$, $d(n^2) = y\,\{\dot{y} + 1 + y^2(\dot{y}^3 + \dot{y}^2 + \dot{y} + 1)\}\,dy$; donc $r = \frac{n^3(\dot{n}+1)n}{n^2(\dot{n}+1) - y^4(\dot{y}^3+\dot{y}^2+\dot{y}+1) - y^2(\dot{y}+1)} = \frac{n^3}{n^2 - 2y^4 - y^2} = -\frac{n^3}{y^4} = -\frac{(y^2+1)^{-\frac{3}{2}}}{y}$, en supposant $\dot{y} = \dot{n} = 1$ Maintenant, la soutangente étant l'unité, si l'on représente la tangente par t, on a $t = (1+y)^{\frac{1}{2}}$; donc $r = -\frac{t^3}{y}$ et $u = -\frac{(y^2+1)^{\frac{3}{2}}}{n} = -\frac{(y^2+1)}{y} = -\frac{t^2}{y}$.

Ayant trouvé l'expression générale de la soutangente, il est aisé de juger si une courbe a un point d'inflexion, ou si elle a des asymptotes. En effet, s'il y a un point d'inflexion, il y aura aussi une certaine tangente qui, prolongée s'il le faut, rencontrera la courbe encore à un autre point. Soit donc la soutangente S, l'on aura $dy = \frac{yd(x)}{S}$; et comparant cette dernière expression avec celle de dy, tirée de l'équation différentielle de la courbe, on est à même de juger si cette double rencontre est possible ou non. Mais si cette condition n'a lieu qu'à une distance infinie, il y aura une asymptote.

Dans la parabole $S = 2x$; ainsi $dy = \frac{ydx}{S} = \frac{ydx}{2x}$. Mais en différentiant l'équation de la courbe, on trouve $dy = \frac{adx}{y(\dot{y}+1)}$; donc $\frac{ydx}{2x} = \frac{adx}{y(\dot{y}+1)}$, $y^2(\dot{y}+1) = 2ax$ et $\dot{y} = 1$; par conséquent la tangente ne rencontre la courbe qu'en un seul point, et il ne peut y avoir ni inflexion, ni asymptotes.

L'hyperbole a pour équation $a^2y^2 = b^2(x^2 - a^2)$; donc $S = \frac{x^2 - a^2}{x}$ et $dy = \frac{ydx}{S} = \frac{yxdx}{x^2 - a^2}$. D'un autre côté, l'équation différentielle de la courbe donne $dy = \frac{b^2(\dot{x}+1)xdx}{a^2y(\dot{y}+1)}$; et en comparant les deux valeurs de dy, on en déduit. . . . $a^2y^2(\dot{x}^2 - 1) = b^2x^2(\dot{x}^2 - 1)$, $\dot{y} = \dot{x}$, $a^2y^2x^2 = b^2(\dot{x}^2x^2 - a^2)$, et enfin $a^2y^2 = b^2x^2$, expression impossible, à moins que x ne soit infiniment grand, de sorte que a^2 disparoisse par rapport à x^2 ; et dans ce cas, il est visible que la tangente se confondroit avec la courbe, et par conséquent deviendroit asymptote.

Soit $y^3 = a^2x$, on aura $dy = \frac{a^2dx}{\dot{y}^2+\dot{y}+1}$. Si à cette dernière expression celle de $y = \frac{ydx}{S} = \frac{ydx}{3x}$, on en déduit $y^3(\dot{y}^2 + \dot{y} + 1) = 3a^2x$ et $\dot{y}^2 + \dot{y} = 2$. La racine quarrée de cette équation est $\dot{y} = -\frac{1 \pm 3}{2}$; donc $\dot{y} = 1$, ou $\dot{y} = -2$: par conséquent la tangente à un point quelconque coupera la branche opposée de la courbe où l'ordonnée est $= -2y$. Or $\dddot{y}$ étant indéterminée, il est évident que l'inflexion doit avoir lieu à l'origine des co-ordonnées.

Si une ligne parallèle à l'axe des abscisses rencontre la courbe en deux points quelconques, on a deux ordonnées égales, dont les abscisses diffèrent entr'elles de la quantité $d(x)$. A mesure que cette différence diminue, les deux ordonnées égales croissent ou décroissent selon que la courbe est concave ou convexe vers l'axe. Enfin, si $dx = 0$, la parallèle à l'axe devient tangente, les deux ordonnées se confondent, et il y a un *maximum* si la concavité est tournée vers l'axe, ou un *minimum* si c'est la convexité. Pour trouver les différentes abscisses qui répondent à des ordonnées égales, on n'a donc qu'à supposer $\frac{dy}{x(\dot{x}-1)} = 0$; et si ensuite on fait $\dot{x} = 1$, on trouvera le point de contact, où l'ordonnée est un *maximum* ou un *minimum*.

Pour juger, par exemple, si la fonction $2ax - x^2$ est

C

susceptible de *maximum* ou de *minimum*, on fera $2ax - x^2 = y^2$ et $\frac{dy}{dx} = 0 = 2a - x(\dot{x} + 1)$, et $\dot{x} = \frac{2a}{(a^2 - y^2)^{\frac{1}{2}}} - 1$, il y a donc deux ordonnées égales correspondantes aux deux abscisses $a \pm (a^2 - y^2)$. Supposons maintenant $dx = 2(a^2 - y^2)^{\frac{1}{2}} = 0$, la parallèle devient tangente à la courbe et au point de contact $y = x = a$.

Soit donnée l'équation $\frac{x^2 + a^2}{x} = y$, on aura $\frac{dy}{dx} = \frac{(x^2\dot{x} - a^2)(\dot{x} - 1)}{x\dot{x}} = 0$; donc $x\dot{x} = \frac{a^2}{x}$ et les deux ordonnées correspondantes aux abscisses x et $\frac{a^2}{x}$ sont égales entr'elles. Maintenant, en supposant $\dot{x} = 1$, on a $x = \pm a$, $y = \pm 2a$, et la courbe de l'équation donnée a deux *minima*, l'un positif et l'autre négatif.

Par ce procédé, on s'assure que la courbe a des ordonnées égales répondantes à des abscisses réellement différentes, et entre ces extrêmes il y a nécessairement un *maximum* ou un *minimum*; au lieu que par la méthode ordinaire, il faut préalablement examiner s'il n'y a pas un point d'inflexion où dy devient zéro, quoiqu'il n'y ait point de *maximum*.

Il y a certaines questions qui semblent d'abord se refuser à ce calcul, et qui s'y prêtent pourtant, si l'on y procède avec quelque sagacité. Tel est entr'autres le théorême suivant.

De toutes les figures isopérimètres, le cercle et ses segmens ont la plus grande surface. Pour le démontrer, considérons que :

1°. De tous les polygones dont la péripherie est $\dddot{m}$, et le nombre des côtés $\underset{\cdots}{n}$, celui dont chaque côté $= \frac{m}{n}$ a la plus grande surface. En effet, prenons deux côtés contigus du polygone (*fig.* 3), soit $AB = a - y$, $BC = a + y$, $AC = p$, la perpendiculaire $Bd = u$, $Ad = z$, $dC = p - z$. Par la propriété des triangles rectangles, on a $u^2 = (a - y)^2 - z^2 = (a + y)^2 - (p - z)^2$, $z = \frac{p^2 - 4ay}{2p}$, $u = \frac{(p^2 - 4ay)^{\frac{1}{2}}(4a^2 - p^2)^{\frac{1}{2}}}{2p}$, et l'aire du triangle $ABC = \frac{pu}{2} = \frac{(p^2 - 4\dot{y}^2)^{\frac{1}{2}}(4a^2 - p^2)^{\frac{1}{2}}}{4}$, expression d'autant plus grande, que $\underset{\cdots}{y}$ diminue, et dont le *maximum* est évidemment quand $\underset{\cdots}{y} = 0$, et que $AB = BC = a$. Ce raisonnement, appliqué à chaque paire des côtés contigus de la figure, démontre que pour que le polygone ait la plus grande surface possible, il faut que tous ses côtés soient égaux entr'eux, ou que chacun soit $= \frac{m}{n}$.

2°. De-là il suit que la périphérie étant la même, la surface du polygone devient plus grande, si l'on augmente le nombre n des côtés. En effet, si l'on considère la même figure comme ayant tous ses côtés égaux, et que dans la triangle ADF on fasse $EF = \frac{2m}{3n}$, le triangle ADE aura deux côtés inégaux, $\frac{m}{n}$ et $\frac{m}{3n}$. On peut donc, sans en augmenter la circonférence, donner une plus grande aire au triangle ADE, en faisant les deux côtés AD, DE chacun $= \frac{2m}{3n}$, de sorte qu'au lieu du triangle ADF, on aura un quadrilatère, dont les trois côtés extérieurs seront chacun $= \frac{2m}{3n}$. Ce raisonnement étant également applicable à tous les côtés, la surface augmente nécessairement à mesure que n devient plus grand ; donc pour avoir la plus grande surface sans en changer la périphérie, il faut donner au polygone un nombre n de côtés aussi grand que possible.

3°. Enfin m et n étant invariables, le polygone, dont les angles à la circonférence sont égaux, a la plus grande surface. En effet, soit dans le quadrilatère CFHK le côté $CF = 2p$, $CK = KH = HF = a$, $KF = 2x$, le sinus de l'angle $KCF = s$, son cosinus $= C$: on aura la surface du triangle $KFH = x(a^2 - x^2)^{\frac{1}{2}}$, celle du triangle $FCK = pas = pa\,(1 - c^2)^{\frac{1}{2}}$, dont celle du quadrilatère $CFHK = pa\,(1 - c^2)^{\frac{1}{2}} + x\,(a^2 - x^2)^{\frac{1}{2}}$. Mais $4x^2 = (2p - ac)^2 + a^2s^2 = 4p^2 + a^2 - 4pac$; donc la surface du quadrilatère $= pa(1 - c^2)^{\frac{1}{2}} + \frac{\{-16a^2p^2c^2 + 8ap(4p^2 - a^2)c - 16p^4 + 8p^2a^2 + 3a^4\}^{\frac{1}{2}}}{4}$.
Pour que cette fonction soit un *maximum*, il faut que la différence en devienne $= 0$; et toutes les réductions faites, on aura $(1 - c^2)^{\frac{1}{2}}(-4apc + 4p^2 - a^2) = c\,\{-16a^2p^2c^2 + 8apc\,(4p^2 - a^2) - 16p^4 + 8a^2p^2 + 3a^4\}^{\frac{1}{2}}$, en ne regardant comme variable que le cosinus c. Or en élevant cette équation au quarré, effaçant

de part et d'autre les termes égaux, et divisant enfin par $4p^2-a^2$, on parvient à l'équation $4p^2-8apc+4a^2c^2=a^2$; et en en prenant la racine, on a $c=\frac{2p\pm a}{2a}$. Mais c étant toujours moindre que l'unité, et $2p$ supposée plus grande que a, on doit faire usage de la racine négative, de sorte que $c=\frac{2p-a}{2a}$. De plus, CFK = FKH = KFH, puisque tous les trois ont pour cosinus $\frac{(a^2+2pa)^{\frac{1}{2}}}{2a}$; donc HK est parallèle à CF, et les angles à la base CF sont égaux entr'eux, ainsi que les diagonales CH, KF, et les angles K, H, à la circonférence. Maintenant, puisque le même raisonnement a lieu pour tous les angles à la circonférence ; il faut donc, pour qu'il y ait un *maximum*, qu'ils soient tous égaux entr'eux. On voit donc qu'à périphéries égales, la surface du polygone régulier est plus grande que celle de l'irrégulier, et que cette surface augmente à mesure que le nombre des côtés devient plus grand ; et puisque ce nombre est illimité, le polygone se confondra enfin avec le cercle ; donc ce dernier a la plus grande surface de toutes les figures isopérimètres.

Pour appliquer cette méthode aux différences des sinus, cosinus, etc., ainsi qu'à celles des courbes dont l'équation dépend du rapport des angles quelconques ; il faut supposer que pour des angles extrêmement petits, les sinus ne diffèrent guère de leurs arcs, et les cosinus sont presqu'égaux au rayon. Ainsi dans la spirale, les ordonnées partant toutes du même point, on aura (en désignant les ordonnées par y, et les angles correspondans par x), l'équation générale de la sousécante $S=\frac{y^2\dot{y}\sin. dx}{y\dot{y}\cos. dx-y}$, ou $S=\frac{y\dot{y}dx}{\dot{y}-1}$; or en prenant pour l'équation de la courbe $ax=by$, on trouve $S=\frac{y\dot{y}dx}{\dot{y}-1}=\frac{by^2\dot{y}}{a}=xy\dot{y}$; et en la prenant $=xy$, on aura la soutangente. Les livres élémentaires supposent une courbe parallèle à une ligne droite, ou une analogie entre des quantités innombrables, ce qui ne peut jamais satisfaire les commençans.

Ces différentes solutions suffisent pour faire voir que les principes

principes du calcul différentiel sont rigoureusement vrais, sans que l'on ait besoin de négliger certaines quantités, ni de considérer les courbes comme composées d'une infinité de lignes droites, supposition répugnante au bon sens, et démentie dans la mécanique (*).

CALCUL INTÉGRAL.

L'objet de ce calcul est l'inverse de celui du calcul différentiel, c'est-à-dire, que l'on y cherche la fonction qui a pour différence une quantité donnée. Il faut cependant observer que dans l'application, et surtout quand il s'agit de problêmes physico-mathématiques, on ne peut pas supposer des différences absolument zéro, vu qu'une infinité de zéro ne peut pas former une quantité finie, et qu'il ne peut y avoir aucun rapport entre le néant et la réalité. Il faut donc dans ces cas partir de différences très-petites, et la justesse de ce calcul est fondée sur ces deux principes évidens :

1°. Si les différences respectives de deux variables sont dans un rapport constant, les variables elles-mêmes, ou en d'autres termes, les sommes de ces deux séries de différences sont dans le même rapport, à une constante près.

2°. Si $p + q = R$, et que sans changer cette égalité, q puisse devenir moindre que toute quantité assignable, on peut sans erreur négliger cette quantité inassignable, et supposer $p = R$.

Si la fonction différentielle donnée est complette, l'intégration n'en a aucune difficulté ; il ne faut qu'effacer le facteur produit par la différentiation, et l'on aura la fonction des variables cherchées. Mais si elle n'est pas complette, on tâche de la completter, ou d'en trouver le rapport constant avec

(*) Si le rapport du diamètre à la circonférence est $1 : \varpi$, le temps d'une demi-oscillation dans un petit arc est à celui d'un mobile qui en parcourt la corde, comme $\varpi : 4$: donc quelque petit qu'on suppose l'arc, il est différemment incliné à la verticale que ne l'est sa corde.

une autre fonction différentielle, dont l'intégrale est connue; ce qui est quelquefois très-difficile, et souvent même impossible. Cependant il est évident que toute différentielle, et d'une seule variable, est toujours intégrable, ainsi que les fonctions suivantes.

On a donc $S. y^m (\dot{y}^m - 1) = y^m + C.$ (*)

$S. y^m (\dot{y}^n - 1) = \frac{y^m(\dot{y}^{n-1} + \dot{y}^{n-2} + + + \dot{y} + 1)}{\dot{y}^{m-1} + \dot{y}^{m-2} + + + + 1}$; donc en supposant $\dot{y} = 1$,

$S. y^m (\dot{y}^n - 1) = \frac{ny^m}{m} + C.$

$S. xy (\dot{x}\dot{y} - 1) = S(x\dot{x}dy + ydx) = xy.$

$Sx \frac{(\dot{x} - \dot{y})}{y\dot{y}} = S \frac{(ydx - xdy)}{y^2\dot{y}} = \frac{x}{y}.$

$aS. (\dot{x} - 1) = aL. x + L. C = L. Cx^a.$

$S. (a + bx^m)^{\frac{p}{q}}. x^m (\dot{x}^n - 1) = \frac{nq(a + bx^m)^{\frac{p+q}{q}}}{mb(p+q)}.$

Pour démontrer cette dernière proposition, faisons $(a + bx^m)^{\frac{1}{q}} = u$, ce qui donne $x^m = \frac{u^q - a}{b}$, $d(x^m) = \frac{d(u^q)}{b}$. Maintenant $x^m (\dot{x}^n - 1) = d(x^m) \frac{(\dot{x}^{n-1} + \dot{x}^{n-2} + + 1)}{(\dot{x}^{m-1} + \dot{x}^{m-2} + + \dot{x} + 1)}$; donc $(a + bx^m)^{\frac{p}{q}} x^m (\dot{x}^n - 1) = \frac{(\dot{x}^{n-1} + \dot{x}^{n-2} + + \dot{x} + 1) u^p d(u^q)}{(\dot{x}^{m-1} + \dot{x}^{m-2} + + + \dot{x} + 1) b}$ $= \frac{(\dot{u}^{q-1} + \dot{u}^{q-2} + + \dot{u} + 1)(\dot{x}^{n-1} + + + \dot{x} + 1) d) u^{p+q})}{(\dot{u}^{p+q-1} + + + \dot{u} + 1)(\dot{x}^{m-1} + + \dot{x} + 1) b}$. L'intégrale de cette dernière expression est évidemment $\frac{(\dot{u}^{q-1} + \dot{u}^{q-2} + + \dot{u} + 1)(\dot{x}^{n-1} + + + 1) u^{p+q}}{(\dot{u}^{q+p-1} + \dot{u}^{q+p-2} + + + 1)(\dot{x}^{m-1} + + + 1) b}$, qui, en supposant $\dot{x} = \dot{u} = 1$, devient $\frac{nq. u^{p+q}}{mb(p+q)} = \frac{nq(a + bx^m)^{\frac{p+q}{q}}}{mb(p+q)}$.

Pour montrer la justesse de ces principes, nous allons les appliquer aux objets ordinaires du calcul intégral.

Quarrer l'espace curviligne FGMP (*fig.* 1). L'élément de cet espace est composé de deux parties : du parallélogramme pPMn, et du petit espace renfermé entre la courbe et les différentielles des co-ordonnées. La somme de tous en petits

(*) S. indique l'intégrale, et C. la constante qu'on doit ajouter à chaque intégration. Si dans la suite on ne la trouve pas toujours exprimée, il faut la supposer.

triangles est évidemment moindre que $x.dy$; ainsi, en divisant continuellement dy par le nombre 2, on parvient à une expression $\frac{xdy}{2^m}$ moindre que toute quantité assignable, et à plus forte raison la somme de ces petits triangles curvilignes doit-elle disparoître ; par conséquent, l'espace FGMP peut bien être censé égal à la somme des parallélogrammes $PpMn = S.ydx$. Mais pour que xdy soit au-dessous de toute quantité assignable, il faut que $dy = y(\dot{y} - 1)$ se confonde avec zéro, ou en d'autres termes que $\dot{y} = 1$. Or la différence de xy est $xy(\dot{x}\dot{y} - 1)$. Si donc l'équation de la courbe donne un rapport constant entre $\dot{x}\dot{y} - 1$ et $\dot{x} - 1$, la somme des parallélogrammes aura le même rapport à xy, et la courbe sera quarrable algébriquement ; mais si cette condition n'a pas lieu, il faut recourir à la méthode d'approximation.

La formule générale des paraboles est $a^m x^n = y^{m+n}$, ce qui donne $\dot{x} - 1 = \dot{y}^{\frac{m+n}{n}} - 1$, $\dot{x}\dot{y} - 1 = \dot{y}^{\frac{m+2n}{n}} - 1$. De plus, $\dot{y}^{\frac{m+2n}{n}} - 1 : \dot{y}^{\frac{m+n}{n}} - 1 = (\dot{y}^{\frac{m+2n-1}{n}} + \dot{y}^{\frac{m+2n-2}{n}} + + + + + 1) : (\dot{y}^{\frac{m+n-1}{n}} + \dot{y}^{\frac{m+n-2}{n}} + + + + 1) = d(xy) : xy\,(\dot{x} - 1)$; donc le petit parallélogramme $PpMn$

$$= \left\{ \frac{\dot{y}^{\frac{m+n-1}{n}} + \dot{y}^{\frac{m+n-2}{n}} + + + + 1}{\dot{y}^{\frac{m+2n-1}{n}} + \dot{y}^{\frac{m+2n-2}{n}} + + + + 1} \right\} d(xy),$$

dont l'intégrale est en général

$$\left\{ \frac{\dot{y}^{\frac{m+n-1}{n}} + \dot{y}^{\frac{m+n-2}{n}} + + + + 1}{\dot{y}^{\frac{m+2n-1}{n}} + \dot{y}^{\frac{m+2n-2}{n}} + + + + 1} \right\} xy\ ;$$

et en supposant $\dot{y} = 1$, on a l'espace curviligne tout entier $= \frac{(m+n)}{(m+2n)} xy$.

Le même procédé, appliqué aux courbes de l'équation, $a^{m+n} = y^m . x^n$, nous donne $ydx = a^{\frac{m+n}{n}} . x^{\frac{m-n}{n}} (\dot{x} - 1)$

$$= \left\{ \frac{\dot{x}^{\frac{m-1}{n}} + \dot{x}^{\frac{m-2}{n}} + + + + 1}{\dot{x}^{\frac{m-n-1}{n}} + \dot{x}^{\frac{m-n-2}{n}} + + + + 1} \right\} d(xy),$$

et

$$S.ydx = \left\{ \frac{\dot{x}^{\frac{m-1}{n}} + \dot{x}^{\frac{m-2}{n}} + + + + 1}{\dot{x}^{\frac{m-n-1}{n}} + \dot{x}^{\frac{m-n-2}{n}} + + + + 1} \right\} xy$$

en quantités finies ; donc si $\dot{x} = 1$, on a $S.ydx = \frac{mxy}{m-n}$.

Il faut cependant en excepter le cas où $m = n$, qui est celui de l'hyperbole ordinaire. En effet, puisque $xy = a^2$, $d(xy)$ est zéro ; par conséquent il n'y a nul rapport entre la quantité réelle ydx et $d(xy)$. Mais d'un autre côté, $ydx = \frac{a^2 dx}{x} = a^2(\dot{x} - 1)$, fonction où la variable disparoît, et dont les accroissemens forment une progression arithmétique, tandis que les abscisses croissent en progression géométrique ; donc les espaces curvilignes peuvent représenter les logarithmes des abscisses respectives et $S.ydx = L.\,x$.

Dans la logarithmique, on a $S.ydx = S.(\dot{y} - 1) = y + C$.

On peut d'ailleurs démontrer cette propriété de la logarithmique par l'algèbre élémentaire. En effet, si l'on fait $y = m^p$, et $L.y = p\,(m - 1) = x$, on a $ydx = m^p(m - 1)$. Or les ordonnées croissant en progression géométrique, et représentées par la série de $1 : m : m^2 : m^3$: &c., les espaces curvilignes seront représentés par la progression $(m-1) : m(m-1) : m^2(m-1)$: &c. ; mais la somme de cette progression est $= \frac{(m^{p+1} - 1)\,(m-1)}{(m-1)}$, $= m^{p+1} - 1 = S.\,m^p(m - 1) = S.ydx$. Donc si l'on considère que $\dot{m}$ ne surpasse l'unité que d'une quantité infiniment petite $= u$, on voit aisément que $m^{p+1} = m^p(1 + u)$ ne peut pas être sensiblement différente de m^p, par conséquent $S.ydx = m^p - 1 = y - 1$.

Dans le cercle, on a $ydx = (\gamma^2 - x^2)^{\frac{1}{2}}\,dx$. Cette expression n'étant pas réductible à une forme susceptible d'intégration, on développe le facteur affecté du signe radical, suivant la loi de la binominale, ce qui donne $y = \gamma\left(1 - \frac{x^2}{2\gamma^2} - \frac{x^4}{8\gamma^4} - \frac{x^6}{16\gamma^6} - \&c.\right)$, et l'on a par approximation $S.ydx = \gamma^2\left(\frac{x}{\gamma} - \frac{x^3}{2.3\gamma^3} - \frac{x^5}{8.5\gamma^5} - \frac{x^7}{16.7\gamma^7} - \&c.\right)$.

Pour rectifier une courbe, on imagine que sa petite ligne droite Mm (*fig.* 1) est le côté d'un polygone y inscrit. Mais $Mm = (dy^2 + dx^2)^{\frac{1}{2}}$; en intégrant donc cette dernière expression, on aura, à une constante près, la valeur de la périphérie du polygone. Or en augmentant continuellement le nombre des côtés de ce polygone, la périphérie en approchera de de plus en plus de celle de la courbe, et à la fin s'y confondra si bien, que son intégrale ne peut différer de la circonférence curviligne d'aucune quantité assignable.

Soit l'équation de la courbe $ax^2 = y^3$, on aura $(dx)^2 = (dy)^2 \frac{y(\dot{y}^2 + \dot{y} + 1)^2}{a(\dot{y}^{\frac{3}{2}} + 1)^2}$, $(dx^2 + dy^2) = \left\{ \frac{y(\dot{y}^2 + \dot{y} + 1)^2}{a(\dot{y}^{\frac{3}{2}} + 1)^2} + 1 \right\}^{\frac{1}{2}} dy$. Faisons $\frac{y(\dot{y}^2 + \dot{y} + 1)^2}{a(\dot{y}^{\frac{3}{2}} + 1)^2} = z^2$, l'on aura $dy = \frac{a(\dot{y}^{\frac{3}{2}} + 1)^2 z^2 (\dot{z}^2 - 1)}{(\dot{y}^2 + \dot{y} + 1)^2}$, $(dx^2 + dy^2) = \frac{a(\dot{y}^{\frac{3}{2}} + 1)^2 z^3 (\dot{z}^2 - 1)}{(\dot{y}^2 + \dot{y} + 1)^2} = \frac{a(\dot{y}^{\frac{3}{2}} + 1)(\dot{z} + 1)\, d(z^3)}{(\dot{y}^2 + \dot{y} + 1)^2 (\dot{z}^2 + \dot{z} + 1)}$; donc $S(dx^2 + dy^2)^{\frac{1}{2}} = \frac{a(\dot{y}^{\frac{3}{2}} + 1)^2 (\dot{z} + 1) z^3}{(\dot{y}^2 + \dot{y} + 1)^2 (\dot{z}^2 + \dot{z} + 1)}$; et si $\dot{y} = \dot{z} = 1$, l'intégrale en question, en remettant la valeur de z, sera $= \frac{8a}{27}\left(\frac{gy}{4a} + 1\right)^{\frac{3}{2}}$.

Dans le cercle $(dx^2 + dy^2)^{\frac{1}{2}} = \frac{dyx}{(y - x^2)^{\frac{1}{2}}}$; comme on ne peut pas trouver ici un rapport constant, on extrait la racine quarrée du dénominateur, et par ce moyen on trouve l'intégrale de la circonférence par approximation.

On peut d'ailleurs trouver la valeur approchée de la circonférence du cercle d'une manière plus élégante. Dans un cercle dont le rayon est l'unité soit inscrit un polygone régulier d'un nombre n de côtés, et par conséquent composé d'autant de triangles dont l'angle au centre $2m = \frac{360}{n}$. La surface de chacun de ces triangles est $=$ sin. m, cos. m, et celle du polygone entier $= \frac{180}{m}$ sin. m, cos. m. Maintenant, si l'on fait $m = 2p$, on trouve la surface de ce nouveau polygone du nombre $2n$ de côtés $= \frac{180}{\frac{m}{2}} sp$, cp; mais cos. $m = cp^2 - sp^2 = 2cp^2 - 1$, sin. $m = sp$, cp; donc $spcp = \frac{\text{sin. } m}{2}$, et la surface du polygone du nombre $2n$ de côtés $= \frac{180}{\frac{m}{2}}$, $\frac{\text{sin. } m}{2} = \frac{180}{m}$, sin. $m = \frac{180 \text{ sin. } m. \, cm}{m. \text{ cos. } m} = \frac{P}{cm}$ (en désignant la surface du polygone du nombre n des côtés par P). Si l'on fait $p = 2q$, on trouve la surface du polygone $\frac{180}{\frac{m}{4}} cqsq = \frac{180}{\frac{m}{4}} \frac{Sp}{2} = \frac{180}{\frac{m}{4}} \frac{Sm}{cp. 4} = \frac{P}{cm. \, c\left(\frac{m}{2}\right)}$; et en continuant de la même manière, on trouve la surface d'un polygone d'un nombre $2^k n$ de côtés, égale à $\frac{P}{cm. \, c\left(\frac{m}{2}\right) c\left(\frac{m}{4}\right) .. c\left(\frac{m}{2k}\right)}$. Si le nombre k est assez

grand, la surface du polygone ne diffère de celle du cercle que d'une quantité inassignable. Multiplions cette expression par le nombre 2, et désignons la circonférence par ϖ, on aura le rapport du diamètre à la circonférence $= 1 : \frac{180.\ Sm}{m.c\left(\frac{m}{2}\right)c\left(\frac{m}{4}\right)\ldots c\left(\frac{m}{2k}\right)\ \&c.}$ En procédant de même par rapport au polygone circonscrit, on trouve $\frac{180.\ Sm}{m.\ c\left(\frac{m}{2}\right)c\left(\frac{m}{4}\right)c\left(\frac{m}{2k}\right)^2}$; de sorte que l'on a (en désignant $\frac{180.\ Sm}{m}$ par C) $\frac{C}{c\left(\frac{m}{2}\right)c\left(\frac{m}{4}\right)..c^2\left(\frac{m}{2k}\right)} > \varpi > \frac{C}{c\left(\frac{m}{2}\right)c\left(\frac{m}{4}\right)..c\left(\frac{m}{2k}\right)}$. Mais $c\left(\frac{m}{2}\right) = \left(\frac{1+cm}{2}\right)^{\frac{1}{2}}$, $c\left(\frac{m}{4}\right) = \left(\frac{1+c\left(\frac{m}{2}\right)}{2}\right)^{\frac{1}{2}} = \left(\frac{1+\left(\frac{1+cm}{2}\right)^{\frac{1}{2}}}{2}\right)$,
$c\left(\frac{m}{2}\right) = \left(\frac{1+c\left(\frac{m}{4}\right)}{2}\right)^{\frac{1}{2}} = \left(\frac{1+\left(\frac{1+c\left(\frac{m}{2}\right)}{2}\right)^{\frac{1}{2}}}{2}\right)^{\frac{1}{2}} = \left(\frac{1+\left(\frac{1+\left(\frac{1+cm}{2}\right)^{\frac{1}{2}}}{2}\right)^{\frac{1}{2}}}{2}\right)^{\frac{1}{2}}$, et ainsi de suite. En partant de l'hexagone, on a $\frac{180.\ Sm}{m} = 3$, et notre formule devient $\varpi > \frac{3}{\left(\frac{1+c.\ 30}{2}\right)^{\frac{1}{2}}\left(\frac{1+\left(\frac{1+c.\ 30}{2}\right)^{\frac{1}{2}}}{2}\right)^{\frac{1}{2}}\ \&c.}$
$= \frac{(2+\sqrt{3}).\ (2+(2+\sqrt{3})^{\frac{1}{2}})^{\frac{1}{2}}}{3.\quad 2.\quad 2\quad \&c.} = 3.\ 2^q(2-(2+(2+(2..+(2+\sqrt{3})^{\frac{1}{2}})^{\frac{1}{2}}..)^{\frac{1}{2}})^{\frac{1}{2}}$, en désignant par q le nombre d'extractions des racines quarrées binomes. D'un autre côté, on a de même $\varpi < 3.\ 2^{q+1}\frac{(2-(2+(2...+(2+\sqrt{3})^{\frac{1}{2}})^{\frac{1}{2}}..)^{\frac{1}{2}})^{\frac{1}{2}}}{(2+(2+(.....+(2+\sqrt{3})^{\frac{1}{2}})^{\frac{1}{2}}..^{\frac{1}{2}})^{\frac{1}{2}})^{\frac{1}{2}}}$. Or on peut pousser ces extractions jusqu'à ce que le numérateur devienne une quantité inassignable, et que le dénominateur approche en même-temps de plus du nombre 2, sans l'atteindre jamais tout-à-fait ; car $(2+\sqrt{3})^{\frac{1}{2}} < 2$; donc $(2+(2+\sqrt{3})^{\frac{1}{2}})^{\frac{1}{2}}$ l'est aussi, et ainsi de suite (*). Donc on peut trouver, par le moyen de cette formule, le rapport du diamètre à la circonférence, aussi approchant que l'on peut le désirer.

Résoudre l'équation $ayd^2y + bdydx + p(dx)^2 = 0$, p *étant une fonction de* x *sans* y.

(*) Il est étonnant que nos mathématiciens ne traitent guère de cette espèce d'infini radical, qui peut si bien occuper leur sagacité.

On a vu qu'en faisant $d^2(\mathrm{L}y)=0$, on a $d^2(y)=y(\dot{y}-1)^2$; par conséquent l'équation proposée devient $ay^2(\dot{y}-1)^2+bdxy(\dot{y}-1)+p(dx)^2=0$, et est résoluble par la méthode ordinaire du second degré, de sorte que $2ady=dx\{(b^2-4ap)^{\frac{1}{2}}-b\}$ et $2ay=-bx\pm \mathrm{S}.dx(b^2-4ap)^{\frac{1}{2}}+\mathrm{C}$.

Le profond Fontaine, dans son calcul intégral, première méthode, suppose que dans toute fonction différentielle homogène, on peut admettre l'analogie $dx : x = dy : y$. Ce principe, outre qu'il n'est pas évident, paroît être sujet à de grandes difficultés. En effet, si cette supposition étoit permise, on auroit généralement l'équation $ydx = xdy$, $2ydx = ydx + xdy$, et $\frac{\mathrm{S}.(xdy+ydx)}{2} = \frac{xy}{2} = \mathrm{S}.ydx$. Or on sait que cette dernière expression n'est pas intégrable, à moins que x ne soit égal à y. Comme l'esprit ne peut pas être satisfait s'il ne trouve pas l'évidence, on a cru qu'il ne sera pas inutile de donner aux théorêmes fondamentaux de cet auteur une nouvelle démonstration, et la suivante paroît très-féconde. Voici de quoi il s'agit.

Soit F une fonction de p, x, y, &c., la dimension de F égale à e, et qu'en faisant varier toutes les lignes qui entrent dans la composition, l'on ait $d\mathrm{F}=\mathrm{A}dp+\mathrm{B}dx+\mathrm{C}dy+$ &c., il faut démontrer que $e\mathrm{F}=\mathrm{A}p+\mathrm{B}x+\mathrm{C}y+$ &c.

Supposons $\mathrm{F}=p^a, x^b, y^c$, &c., on aura $e=a+b+c+$ &c., somme des exposans de toutes les variables. Nous avons vu, d'ailleurs, que la différentielle infinie d'une quantité quelconque est égale à cette même quantité multipliée par la différentielle de son logarithme. Cela posé, puisque tous les termes de la fonction F sont de la dimension, on a $d\mathrm{F}=\mathrm{A}dp+\mathrm{B}dx+\mathrm{C}dy+$ &c. $=\mathrm{F}d(\mathrm{L.F})=\mathrm{F}d(a\mathrm{L}p+b\mathrm{L}x+c\mathrm{L}y+\text{&c.})=\mathrm{F}(\frac{adp}{p}+\frac{bdx}{x}+\frac{cdy}{y}+\text{&c})$. Donc si on divise chaque terme de cette dernière fonction par la différentielle respective de son logarithme, on a pour résultat $\mathrm{F}(a+b+c+\text{&c.})=e\mathrm{F}$; par conséquent si la fonction $\mathrm{A}dp+\mathrm{B}dx+\mathrm{C}dy+$ &c. est une différentielle complette, son intégrale est $=\frac{\mathrm{A}p+\mathrm{B}x+\mathrm{C}y+\text{&c.}}{2}$.

De plus, $A = aFp^{-1}$, $B = bFx^{-1}$, $C = cFy^{-1}$, et ainsi de suite ; donc :

1°. A, B, C sont des fonctions homogènes de la dimension $e - 1$, ou $Adp = aFp^{-1}dp$, $Bdx = bFx^{-1}dx$, $Cdy = cFy^{-1}dy$, et ainsi de tous les autres termes qui entrent comme facteurs dans la fonction intégrale.

2°. Si l'on différentie Adp suivant x, c'est-à-dire, en supposant x seule variable, on a $d^x(Adp) = ap^{-1}dpd^x(F) = Fap^{-1}dpbx^{-1}dx$ (*). De même $d^p(Bdx) = Fbx^{-1}dxap^{-1}dp$, $d^y(Adp) = Fap^{-1}dpcy^{-1}dy$, $d^p(Cdy) = Fcy^{-1}dyap^{-1}dp$, et ainsi de suite. On a donc en général $d^x(Adp) = d^p(Bdx)$, $d^y(Adp) = d^p(Cdy)$, et ainsi de suite, ce qu'on appelle les équations de condition ; ou en d'autres termes, dans toute différentielle complette polynome, on a $\frac{d(A)}{dx} = \frac{d(B)}{dp}$, $\frac{d(A)}{dy} = \frac{d(C)}{dy}$, $\frac{d(B)}{dy} = \frac{d(C)}{dx}$, et ainsi des autres.

3°. $d^y(d^x.Adp) = abp^{-1}x^{-1}dpdxFcy^{-1}dy$, $d^x(d^y.Adp) = acp^{-1}y^{-1}dpdyFbx^{-1}dx$; donc $\frac{d(A)}{dxdy} = \frac{d(A)}{dydx}$. En différentiant ces expressions de nouveau suivant, on a de même $\frac{d(A)}{dxdydz} = \frac{d(A)}{dydxdz} = \frac{d(A)}{dzdydx}$, de sorte que l'ordre de ces différentiations ne change pas la valeur de la différentielle.

4°. Les facteurs finis A, B, C, &c. de la première différentiation sont de la dimension $e - 1$; ceux de la seconde sont de la dimension $e - 2$, et ceux de la neuvième sont de la dimension $e - n$.

5°. Si $n = e$, les facteurs seront de la dimension nulle, et les différentielles de la dimension e. De là il résulte que si l'on différentie une fonction quelconque autant de fois qu'il y a d'unités dans son exposant, en supposant les différences premières constantes, le facteur fini de la dernière différentielle est invariable, et la différentielle elle-même est le produit d'autant de différentielles partielles qu'il y a de variables dans

(*) d^x, d^y, &c. indiquent qu'on doit différentier suivant les petites lettres écrites en-dessus, que l'on ne doit pas confondre avec des exposans.

la

la fonction finie, de sorte que sa dimension en est du même ordre $\underset{\cdots}{e}$.

6°. Après la première différentiation, les coéfficiens invariables sont $a + b + c +$ &c. $= e$; après la seconde, les coéfficiens sont $ab + ac + bc +$ &c. $= e^{\prime}$; après la troisième, ils deviennet $abc + abd + bcd +$ &c. $= e^{\prime\prime}$, et ainsi de suite, de sorte que la première différentiation donne la somme des exposans ; la seconde la somme des exposans combinés deux à deux ; la troisième, celle des exposans combinés trois à trois ; la neuvième, celle des exposans combinés $\underset{\cdots}{n}$ à $\underset{\cdots}{n}$. Etant donc donnée une fonction de variables quelconques, si l'on pousse les différentiations successives jusqu'à ce que l'on arrive à des coéfficiens invariables, on aura, relativement aux exposans de la fonction primitive, une équation de l'ordre $\underset{\cdots}{n}$ des différentiations.

Soit P. E. $dF = 2Adx + 3Bdy$, $\frac{d(2A)}{dy} = 6$, on aura l'exposant de $F = 2 = m + n = 5$, et $mn = 6$, conditions qui donnent l'équation du second ordre, $m^2 5m + 6 = 0$, d'où l'on tire $m = \frac{5 \pm 1}{2}$, (2 ou 3) ; mais à la première différentiation, la différentielle de x doit être multipliée par son exposant m dans la fonction ; donc $m = 2$, $n = 3$, et $F = x^2 y^3$.

7°. Enfin $\frac{d^y(S.mdx)}{dy} = S.\frac{dm}{dy}dx$. En effet, soit $S.mdx = F = nx^a y^b$, on aura $\frac{d^y(S.mdx)}{dy} = nbx^a y^{b-1}$. Or $m = nay^b x^{a-1}$, $\frac{dm}{dy} = naby^{b-1}x^{a-1}$, et $S(naby^{b-1}x^{a-1})\,dx = S(\frac{dm}{dy})\,dx = \frac{d^y(S.mdx)}{dy}$.

Il faut, avant de finir, montrer par quelques exemples l'usage de cette méthode dans l'analyse des quantités finies.

Démontrer la loi binomiale, c'est-à-dire, que $(y = a)^m$ $= y^m + \frac{m}{1}y^{m-1}a + \frac{m(m-1)}{1.2} + + + \frac{(m)(m-1)..(m+1-p)y^{m-p}}{1.\ 2.\ .\ .\ .\ .\ p}a^p + + a^m$, m étant un nombre entier et positif.

Soit $y + a = y\dot{y}$, on aura $y(\dot{y} - 1) = dy = a$, et il est évident que $(y + a)^2 = y^2 + 2ya + a^2$, puisque $d(y^2)$ $= y^2(\dot{y}^2 - 1) = y(\dot{y} + 1)dy = y\{2 + (\dot{y} - 1\}dy = 2ydy + (dy)^2$ $= 2ay + a^2$. De même pour la troisième puissance, on a

$d(y^3) = y^2(\dot{y}^2 + \dot{y} + 1)\,dy$. Mais on vient de voir que le quarré de $\dot{y} = 1 + 2(\dot{y} - 1) + (\dot{y} - 1)^2$; donc $d(y^3) = y^2\{3 + 3(\dot{y} - 1) + (\dot{y} - 1)^2\}\,dy = 3y^2dy + 3ydy^2 + dy^3 = 3y^2a + 3ya^2 + a^3$. Maintenant, si cette loi a lieu pour un binome élevé au degré n, elle a nécessairement aussi lieu quand ce binome est élevé au degré $n + 1$. En effet $d(y^{n+1}) = y^n(\dot{y}^n + \dot{y}^{n-1} + \dot{y}^{n-2} + + + \dot{y} + 1)\,dy = y^n\dot{y}^n dy + y\,d(y^n)$; mais par l'hypothèse $d(y^n) = y^{n-1}\{\frac{n}{1} + \frac{n(n-1)}{1.\ 2}(\dot{y} - 1) + \frac{n(n-1)(n-2)}{1.\ 2 \ldots 3}(\dot{y} - 1)^2 + + + \frac{n(n-1)\ldots(n-p)}{1.\ 2 \ldots (p+1)}(\dot{y} - 1)^p + \&c.\}\,dy$, de même que $y^n\dot{y}^n dy = y^n dy\{1 + (\dot{y} - 1)\}^n = \ldots\ldots$ $y^n dy\{1 + \frac{n}{1}(\dot{y} - 1) + \frac{n(n-1)}{1.\ 2}(\dot{y} - 1)^2 + + + \frac{n(n-1)\ldots(n-p+1)}{1.\ 2 \ldots p}(\dot{y} - 1)^p + \&c.\}$; donc en ajoutant les termes de ces deux séries, affectés de la même puissance de $(\dot{y} - 1)$, on trouve $y^n dy\{\frac{n+1}{1} + \frac{n}{1}(\frac{n+2}{2} + 1)(\dot{y} - 1) + \frac{n(n-1)}{1.\ 2}(\frac{(n-2)}{3} + 1)(\dot{y} - 1)^2 + \frac{n(n-1)(n-2)}{1.\ 2.\ 3.}(\frac{n-p}{p+1} + 1)(\dot{y} - 1)^p + \&c.\} = \frac{n+1}{1}y^n a + \frac{(n+1)n}{1.\ 2}y^{n-1}a^2 + \frac{(n+1)n(n-1)}{1.\ 2.\ 3}y^{n-2}a^3 + \frac{(n+1)n\ldots(n-p+1)}{1.\ 2 \ldots (p+1)}y^{n-p}a^{p+1} + \&c. = d(y^{n+1})$. Or cette loi a lieu pour les deuxième et troisième puissances; on peut en conclure qu'elle a aussi lieu pour la quatrième; de celle-ci on peut faire la même conclusion pour la cinquième, et ainsi de suite; donc ce théorême de Newton est généralement vrai.

Soit proposé de chercher la racine quarrée de $(1 + y)$, y étant moindre que l'unité. On a vu que $d(x^{\frac{1}{2}}) = \frac{dx}{x^{\frac{1}{2}}(\dot{x}^{\frac{1}{2}} + 1)}$. Si l'on considère donc y comme la différence, on aura la différence de $(1 + y)^{\frac{1}{2}} = \frac{y}{1^{\frac{1}{2}}((y+1)^{\frac{1}{2}} + 1)} = \frac{y}{(y+1)^{\frac{1}{2}} + 1}$; et continuant la même opération au dénominateur, cette différence devient $\cfrac{y}{2 + \cfrac{y}{(y+1)^{\frac{1}{2}} + 1}}$; par conséquent, en répétant le même procédé, que l'on peut pousser aussi loin que l'on voudra, on aura la fraction continuée $\cfrac{y}{2 + \cfrac{y}{2 + \&c.}}$ et $(1 + y)^{\frac{1}{2}} = 1 + \cfrac{y}{2 + \cfrac{y}{2 + \&c.}}$. Or la loi de cette série est aisée à saisir, car soit un terme quelconque $\frac{m}{n}$, celui qui le suit immédiatement sera $\frac{m}{n+\frac{y}{2}} = \frac{2m}{2n+y}$. Pour approcher donc de la véritable racine autant qu'il est nécessaire, on n'a qu'à multiplier continuellement par le nombre 2 les deux termes de la fraction trouvée, et ajouter y au dénominateur. Si, par exemple, on cherche la racine de $(1+\frac{1}{3})$, on a, en poussant la fraction seulement au cinquième terme, $(1+\frac{1}{3})^{\frac{1}{3}} = \frac{1by+12y^2+y_3}{32+32y+by_2} = 0{,}154700$, fraction qui ne diffère pas d'un millionième de la véritable racine.

L'équation du second degré étant $x^2+px+q=0$, supposons que l'une des deux valeurs de x soit connue, et que l'on en cherche l'autre ; en différentiant l'équation, on a $x^2(\dot{x}^2-1)+px(\dot{x}-1)=0$; et divisant par $x(\dot{x}-1)$, on a $x(\dot{x}+1)+p=0$ et $x\dot{x}=-p-x$. De là il suit :

1°. Que la somme des deux racines d'une équation du second degré est égale au coéfficient du second terme, mais affecté d'un signe opposé à celui qu'il a dans l'équation.

2°. Que les deux racines sont, ou toutes deux réelles, ou toutes deux imaginaires, autrement leur somme ne pourroit pas être réelle.

3°. La somme des deux racines étant $=-p$, les racines seront $x+\frac{p}{2}+m$ et $x+\frac{p}{2}-m$; ces deux facteurs multipliés entr'eux, et leur produit comparé avec l'équation donnée, on trouve $m=(\frac{p^2}{4}-q)^{\frac{1}{2}}$; donc les facteurs cherchés sont $x+\frac{p}{2}+(\frac{p^2}{4}-q)^2$ et $x+\frac{p}{2}-(\frac{p^2}{4}-q)^{\frac{1}{2}}$.

Soit une équation du troisième degré $x^3+px+q=0$; en différentiant, on a $x^3(\dot{x}^3-1)+px(\dot{x}-1)=0$; et divisant par $x(\dot{x}-1)$, on a $x^2(\dot{x}^2+\dot{x}+1)=-p$. Si l'on résout cette dernière équation du second degré, il en résulte $x\dot{x}=\frac{-x\pm(-4p-3x^2)^{\frac{1}{2}}}{2}$; donc les trois valeurs de la quantité inconnue sont x, $\frac{-x+(-4p-3x^2)^{\frac{1}{2}}}{2}$ et $\frac{-x-(-4p-3x^2)^{\frac{1}{2}}}{2}$. De là il suit : 1°. La somme des trois valeurs de l'inconnue est égale à zéro, qui est censé être le coéfficient du second terme de l'équation donnée.

2°. La somme des produits de ces trois racines multipliées deux à deux, est égale à p, coéfficient du troisième terme de l'équation.

3°. Le produit de ces trois racines multipliées entr'elles est égal à $-q$, coéfficient du quatrième terme de l'équation, mais affecté d'un signe opposé.

4°. L'équation du troisième degré ayant toujours une racine réelle, si l'on considère x comme telle, l'expression $-4p-3x^2$ est une quantité négative, à moins que p ne soit négatif et plus grand que $\frac{3x^2}{4}$; donc si p est positif, l'équation aura deux racines imaginaires.

5°. Enfin, si l'on résout l'équation en faisant. . . . . . $x = 2a = (a + b^{\frac{1}{2}}) + (a - b^{\frac{1}{2}})$, et que l'on suppose $(a + b^{\frac{1}{2}})^3 + (a - b^{\frac{1}{2}})^3 = -q$, et $a^2 - b = -\frac{p}{3}$, on aura $3x^2 = 12b - 4p$; par conséquent $\frac{-x \pm (-4p-3x^2)^{\frac{1}{2}}}{2} = -a \pm b^{\frac{1}{2}}\sqrt{-3}$. Pour que cette expression soit réelle, il faut que $b^{\frac{1}{2}}$ soit imaginaire ou zéro; mais $(3a^2 + b)\, b^{\frac{1}{2}} = \pm\left(\frac{q^2}{4} + \frac{p^3}{27}\right)^{\frac{1}{2}}$. Donc si cette dernière expression n'est ni zéro, ni imaginaire, b ne l'est non plus, et l'équation proposée aura deux racines imaginaires. Mais si $\frac{q^2}{4} = \frac{p^3}{27}$ est négative, $b^{\frac{1}{2}}$ est imaginaire, et les trois racines de l'équation $2a$, $-a + b^{\frac{1}{2}}\sqrt{-3}$ et $-a - b^{\frac{1}{2}}\sqrt{-3}$, sont toutes trois réelles.

L'équation générale du 4e. degré est $x^4 + px^3 + qx^2 + \gamma x + s = 0$. Si l'on en prend la différence et qu'on la divise par $d(x)$, on a l'équation $x^3(\dot{x}^3 + \dot{x}^2 + \dot{x} + 1) + px^2(\dot{x}^2 + \dot{x} + 1) + qx(\dot{x} + 1) + \gamma = 0$. (A). Différentiant l'équation A, en ne considérant comme variable que $\dot{x}$, et divisant cette nouvelle différence par $xd(\dot{x})$, on a $x^2(1 + \dot{x} + \dot{x}^2 + \dot{x}\ddot{x} + \dot{x}^2\ddot{x} + \dot{x}^2\ddot{x}^2) + px(1 + \dot{x} + \dot{x}\ddot{x}) + q = 0$. (B). Différentiant de nouveau l'équation B, en considérant $\ddot{x}$ seulement comme variable, et divisant

divisant ensuite par $x\dot{x}d(\ddot{x})$, on a $x(1+\dot{x}+\dot{x}\ddot{x}+\dot{x}\ddot{x}\dddot{x})+p=0$ (C). Remontant à l'équation B, on trouve, en y subtituant la valeur de p et réduisant, l'équation. . . . . . . $x^2(\dot{x}+\dot{x}\ddot{x}+\dot{x}\ddot{x}\dddot{x}+\dot{x}^2\ddot{x}+\dot{x}^2\ddot{x}\dddot{x}+\dot{x}^2\ddot{x}^2\dddot{x})=q$; substituant les valeurs de p et q dans l'équation A et réduisant, on a $x^3\dot{x}^2\ddot{x}(1+\dddot{x}+\ddot{x}\dddot{x}+\dot{x}\ddot{x}\dddot{x})=-\gamma$; enfin, substituant les valeurs de p, q et γ dans l'équation donnée, l'on en déduit $x^4\dot{x}^3\ddot{x}^2\dddot{x}=s$. Or il est visible que $x(1+\dot{x}+\dot{x}\ddot{x}+\dot{x}\ddot{x}\dddot{x})$ est la somme des racines ; que $x^2(\dot{x}+\dot{x}\ddot{x}+\dot{x}\ddot{x}\dddot{x}+\dot{x}^2\ddot{x}+\dot{x}^2\ddot{x}\dddot{x}+\dot{x}^2\ddot{x}^2\dddot{x})$ est la somme des produits des racines multipliées deux à deux ; que $x^3\dot{x}^2\ddot{x}(1+\dddot{x}+\ddot{x}\dddot{x}+\dot{x}\ddot{x}\dddot{x})$ est la somme des produits des racines multipliées trois à trois ; enfin, que $x^4\dot{x}^3\ddot{x}^2\dddot{x}$ est le produit des quatre racines multipliées entr'elles : donc la somme des racines de toute équation du quatrième degré $=-p$; celle des produits de ces racines multipliées deux à deux $=q$; celle des produits des racines multipliées trois à trois $=-\gamma$, et le produit de toutes les quatre racines $=s$.

C'est Descartes qui aperçut le premier les propriétés des coéfficiens des équations : savoir, que celui du second terme est $=-$ la somme de toutes les racines ; celui du troisième terme $=$ la somme de tous les produits des racines multipliées deux à deux ; celui du quatrième $=-$ la somme des produits de ces racines combinées trois à trois, et ainsi de suite, alternativement affectés des signes positif et négatif. Comme les livres élémentaires ne démontrent pas ces vérités dans toute la rigueur mathématique, il n'est pas inutile d'en faire voir l'évidence par la méthode que nous exposons ici. Soit donc la somme d'un nombre des grandeurs quelconques a, b, c, d, &c. représentée par ${}^1R$; celle des produits de ces grandeurs multipliées deux à deux par ${}^2R$; celle des produits de ces grandeurs multipliées n à n par ${}^nR$. Si à ces grandeurs on ajoute l'unité, et que l'on la fasse entrer dans toutes leurs combinaisons comme partie co opérante, nous savons par la théorie de combinaisons, que la somme des termes $1+a+b+$ &c. $=1.{}^1R$;

celle des produits de leurs combinaisons deux à deux, $= {}^{1}R + {}^{2}R$; celles des produits de leurs combinaisons multipliées trois à trois, $= {}^{2}R + {}^{3}R$, et ainsi de suite. Considérons maintenant l'équation $x^n + Ax^{n-1} + Bx^{n-2} + + + Kx^{n-2p} + + + Qx + S$, et supposons comme vraie la règle de Descartes pour l'équation du degré $n - 1$ immédiatement inférieur ; elle sera nécessairement vraie pour celle du degré n. En effet, différentions l'équation donnée, et divisons-en la différence par $x^{n-1}d(x)$, nous aurons l'équation suivante : $\dot{x}^{n-1} + \dot{x}^{n-2}\left(1 + \frac{A}{x}\right) + \dot{x}^{n-3}\left(1 + \frac{A}{x} + \frac{B}{x^2}\right) + \dot{x}^{n-4}\left(1 + \frac{A}{x} + \frac{B}{x^2} + \frac{C}{x^3}\right) + + \dot{x}^{n-2p-1}\left(1 + \frac{A}{x} .. + \frac{K}{x^p}\right) + \&c. = 0$. Or par hypothèse, la somme des racines de la dernière équation est $= -1 - \frac{A}{x} = {}^{1}R(\dot{x}^{n-1})$, (*) et ${}^{1}R(\dot{x}^n) = 1 + {}^{1}R(\dot{x}^{n-1}) = -\frac{A}{x}$; par conséquent ${}^{1}R(x^n) = -A$;

${}^{2}R(\dot{x}^{n-1}) = 1 + \frac{A}{x} + \frac{B}{x^2} = -{}^{1}R(\dot{x}^{n-1}) + \frac{B}{x^2}$; donc ${}^{1}R(\dot{x}^{n-1}) + {}^{2}R(\dot{x}^{n-1}) = {}^{2}R(\dot{x}^n) = \frac{B}{x^2}$, et ${}^{2}R(x^n) = B$;

${}^{3}R(\dot{x}^{n-1}) = -\left(1 + \frac{A}{x} + \frac{B}{x^2} + \frac{C}{x^3}\right) = -{}^{2}R(\dot{x}^{n-1}) - \frac{C}{x^3}$; donc ${}^{2}R(\dot{x}^{n-1}) + {}^{3}R(\dot{x}^{n-1}) = -\frac{C}{x^3} = {}^{3}R(\dot{x}^n)$, et ${}^{3}R(\dot{x}^n) = -C$.

En général, ${}^{2p}R(\dot{x}^{n-1}) = \left(1 + \frac{A}{x} + \frac{B}{x^2} + + + \frac{K}{x^{2p}}\right) = -{}^{2p-1}R(\dot{x}^{n-1}) + \frac{K}{x^{2p}}$; donc ${}^{2p-1}R(\dot{x}^{n-1}) + {}^{2p}R(\dot{x}^{n-1}) = {}^{2p}R(\dot{x}^n) = \frac{K}{x^{2p}}$, et ${}^{2p}R(x^n) = K$.

Maintenant, la règle de Descartes est vraie pour le quatrième degré : donc elle a aussi lieu pour le cinquième ; et par le même raisonnement, les coéfficiens du sixième degré doivent avoir les mêmes propriétés, et ainsi de suite, en général, pour toute équation dont l'exposant est un nombre entier positif.

Appliquons encore notre méthode à la recherche des racines égales. Soit l'équation $x^m + px^{m-1} + + + + qx + \gamma = 0$. En

(*) ${}^{1}R(\dot{x}^{n-1})$ Signifie la somme des racines de l'équation $n - 1$, et de même toutes les expressions semblables dont on s'est servi pour simplifier, et qu'il ne faut pas prendre pour des produits.

la différentiant et en divisant la différence par dx, on a $x^{m-1}(\dot{x}^{m-1}+\dot{x}^{m-2}++++1)+px^{m-2}(\dot{x}^{m-2}+++\dot{x}+1)+++q=0$. Mais dans la supposition des racines égales, $\dot{x}=1$; donc l'équation différentielle devient $mx^{m-1}+(m-1)px^{m-2}+++q=0$, et l'on aura deux équations, par le moyen desquelles on peut éliminer x, et trouver entre les coéfficiens une équation de condition, équation qui doit avoir lieu s'il y a deux racines égales.

Si l'on multiplie l'équation donnée par son exposant m, et que l'on en retranche l'équation différentielle, après l'avoir multipliée par x, on aura l'équation. . . . . $px^{m-1}+2\bar{p}x^{m-2}+3\bar{\bar{p}}x^{m-3}+++(m-1)qx+m\gamma=0$, équation dans laquelle les nombres qui affectent les termes croissent en progression arithmétique, suivant laquelle les exposans décroissent.

Soit l'équation proposée $x^3+px^2+qx+\gamma=0$; en la différentiant et divisant la différence par dx, on a $3x^2+2px+q=0$ (B); multipliant celle-ci et la retranchant de l'équation proposée multipliée par 3, on a $px^2+2qx+3\gamma=0$ (C); multipliant l'équation B par p, et la retranchant de l'équation C, multipliée par 3, on a $(6q-2p^2)x+9\gamma-qp=0$ (D); multipliant celle-ci par $3x$, et la retranchant de l'équation B, multipliée par $(6q-2p^2)$, on a $(15pq-4p^3-27\gamma)x+q(6q-2p^2)=0$ (E); enfin multipliant cette dernière par $(9\gamma-qp)$ et la retranchant de l'équation D multipliée par $(15pq-4p^3-27\gamma)$, on trouve l'équation de condition $q(6q-2p^2)^2-(9\gamma-qp)(15pq-4p^3-27\gamma)=0$, qui se réduit à celle $27\gamma^2+4p^3\gamma-18pq\gamma-p^2q^2+4q^3=0$; et si cette équation a lieu, on a de suite $x=\frac{qp-9\gamma}{6q-2p^2}$.

Soit par exemple $x^3+8x^2+21x+18=0$. En procédant comme on vient de l'expliquer, on trouve $x=\frac{qp-9\gamma}{6q-2p^2}=\frac{168-162}{126-128}=\frac{6}{-2}=-3$; et l'équation proposée $(x+3)^2(x+2)=0$.

Ces exemples suffisent pour faire voir la facilité que nous donne cette méthode dans la solution des problêmes; c'est maintenant aux mathématiciens d'en juger.

FIN.

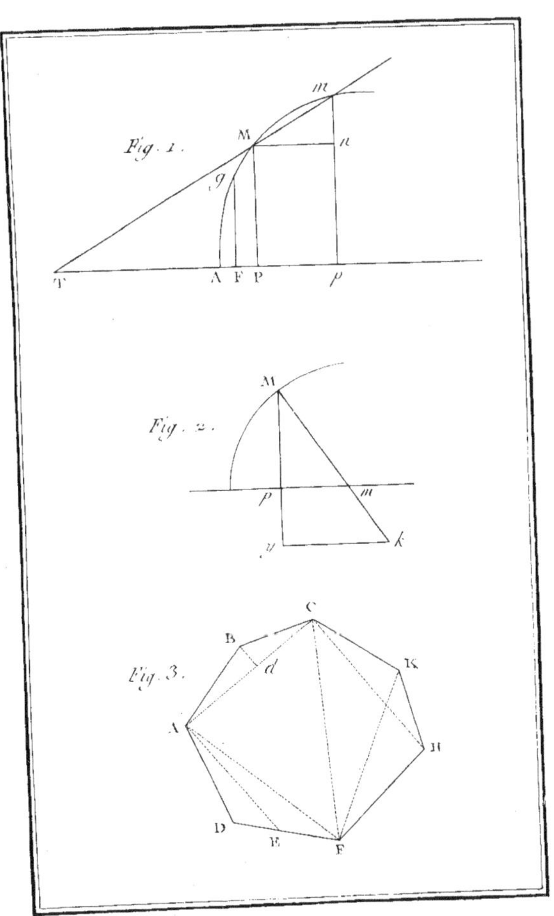

Fig. 1.
m
M
n
g
T
A F P
p
Fig. 2.
M
p
m
u
k
Fig. 3.
C
B
d
K
A
H
D
E
F

LETTRE DU CITOYEN LAGRANGE A L'AUTEUR.

Paris, le 3 frimaire, an 7.

Je vous remercie de la confiance dont vous m'avez honoré en me communiquant vos recherches sur le calcul différentiel. Ma réponse a été retardée par des occupations indispensables, qui ne m'ont pas permis de les lire plutôt. Je vous prie d'en recevoir mes sincères excuses. Votre manière d'envisager ce calcul a beaucoup de rapport à celle que Landen, géomètre Anglois, a donnée dans l'ouvrage intitulé: Residual analysis, *imprimé à Londres en* 1764; *mais je dois vous avouer que ni l'une ni l'autre ne me paroissent tout-à-fait exemptes des difficultés qu'on rencontre dans les principes du calcul différentiel; cependant il est possible que votre analyse soit plus satisfaisante pour beaucoup de personnes que l'analyse ordinaire des infiniment petits et des limites, et sous ce point de vue elle peut être utile au progrès des sciences. Recevez les assurances des sentimens remplis d'estime et de considération que vous m'avez inspirés.*

Signé *LAGRANGE.*

www.ingramcontent.com/pod-product-compliance
Ingram Content Group UK Ltd.
Pitfield, Milton Keynes, MK11 3LW, UK
UKHW020520180726
13839UKWH00005B/2198